Cakes

法式馬克杯蛋糕

MUG CAKES

依麗絲‧戴爾帕‧艾爾瓦雷 (Elise Delprat-Alvares) 著

— 陳宏美 譯 —

目錄

甜口味

鹹口味

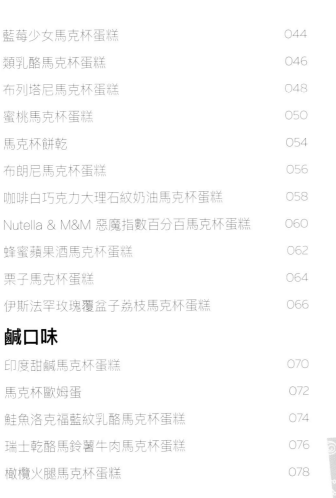

馬克杯蛋糕
只要5分鐘就能完成的美好享受

馬克杯蛋糕這類食譜大約從2012年開始在網路上流傳，之所以會大獲好評是因為準備的過程很簡單，製作起來也很快速。有多簡單？只需要1個杯子、1支湯匙、1個磅秤，跟1個微波爐。有多快速？在杯子裡放入準備好的材料，將杯子放入微波爐，整個過程只要5分鐘，1人份的馬克杯蛋糕就大功告成，絕對不會失敗！

利用一個悠閒的下午茶時間，使用一個馬克杯，就能讓自己回憶起過去也曾經很享受生活，會為了突然好想要吃甜點的念頭，就立刻動手烘焙，並細細品嘗。

事實上，脫模方便與操作簡單的馬克杯蛋糕，絕對能與透過烤箱烘焙、烘焙時間較長、製作方式更複雜的經典蛋糕，一較高下。無論是甜口味或是鹹口味的製作，都一樣方便，所需的時間更是省時快速，重點是不需要花費長時間準備材料。

平時忙碌於工作的父母很適合做來當做孩子們放學後的點心；或是有時朋友無預警來拜訪，也可以利用短短幾分鐘變出方便待客的甜點，和朋友一起享用。

本書中有30份經典的甜點、鹹點食譜，只要5分鐘就能誕生一道美味的蛋糕，能滿足您對各種不同口味的慾望。唯一會讓您感到困難的，大概是必須要遵守「馬克杯蛋糕出爐後，需要耐著性子等到蛋糕完全冷卻才能夠開動」的唯一約定吧！

動手做甜點之前，
先了解你的微波爐

微波爐輸出功率是什麼？

微波爐的輸出功率（W）指對食品加熱做功的微波功率，一般家用微波爐的微波輸出功率在500－900W範圍內，但目前市面上已經不常見到600W以下的規格，主要是因為600W以下的微波功率，加熱速度較慢，效果不太明顯。對於一般家庭來說，選擇微波輸出功率700－800W的規格是比較合適的。

因為每台微波爐輸出功率不盡相同，在製作馬克杯蛋糕時也需要依照微波爐的狀況調整時間。

微波爐致癌？破除你常常聽見的迷思

網路上常見微波食品會致癌的迷思，食安專家林杰樑醫師和譚敦慈護理師表示，其實微波爐是利用電能轉為微波所產生的高能，能將食物中之水分子產生摩擦生熱的原理來加熱食物。因此微波爐本身並不會使食物產生變質，而是透過水分子震動摩擦生熱使食物加熱。雖然電磁波含有微量游離輻射，只要避免太靠近熱源處，幾乎都是安全的。使用微波爐加熱反而可以保住較多營養素。

不是每一種容器都能微波

盡量選擇瓷器、玻璃保鮮盒，或是有微波標章的容器來微波，微波時請拿下蓋子及包膜，微波容器上不能有金屬邊，也不能放入金屬製的餐具，避免產生火

花。另外像是紙製餐盒、塑膠容器、美耐皿等都不可以使用於微波。

如何清潔微波爐

使用微波爐製作甜點或加熱菜餚的時候，免不了會在內部留下食物殘渣，如果沒有立刻擦拭乾淨，久了便不容易清洗。要清潔微波爐內部，不建議使用化學清潔劑，以免殘留，更不要使用尖銳物品刮除殘渣，以免破壞表面。可使用自製天然清潔劑、白醋或咖啡渣來清理微波爐。

◆自製天然清潔劑：將60公克小蘇打粉、1茶匙白醋與5滴檸檬精油，均勻攪拌，用濕海綿沾附，擦拭微波爐爐面與旋轉盤。清洗過後，將微波爐門打開，約莫30分鐘以達到通風乾燥的作用。

◆白醋：將醋與水以1:1的比例混合均勻，倒入碗中，將碗放入微波爐，微波1～2分鐘，熱蒸氣能夠軟化微波爐的內壁污垢，再以軟布將內壁擦拭乾淨即可。

◆咖啡渣：將咖啡渣放入碗中，並倒入清水至淹過咖啡渣的高度，將碗放入微波爐，微波1～2分鐘，等待數分鐘後再以軟布將內壁擦拭乾淨，可以除污也能除臭。

馬克杯蛋糕專屬！
多一點小常識更美味

❶ 把烘焙紙放進馬克杯裡吧！

倒入麵糊前，先在馬克杯裡鋪上烘焙紙，就可以很方便地將蛋糕脫模，如此一來，就能夠隨時招待來訪的客人，並透過擺盤設計增添驚喜。

❷ 麵糊別裝太滿

馬克杯最好是裝半滿就好，否則加熱後滿溢出來是絕對會發生的事！如果在加熱過程中發現過於膨脹，或者是覺得要快溢出來了，請直接將微波爐門打開，並且稍微等待幾秒鐘確保麵糊消下後，再重新開始加熱。

❸ 食譜沒有絕對，創造自己的經典甜點

將每一份食譜製作的經驗整理歸納後，調整配方，變成更符合自己喜好的甜點食譜，收編納入我的最愛食譜當中。

❹ 剛從微波爐拿出來的蛋糕千萬不要馬上吃

微波爐的好處是加熱很快速，但缺點是蛋糕十分燙口。建議馬克杯蛋糕至少放涼5分鐘以上，微溫的口感是最佳的。

❺ 容易過敏的話，也有折衷辦法

如果有對麩質過敏的困擾，可以將小麥麵粉更改為栗子麵粉。

❻ 不讓水果沉下去的小撇步

為了避免放在蛋糕中的水果們在烤完後都沉在馬克杯底層,可以將水果裹附一點點的麵粉。這個小技巧在製作蛋糕時,若要加入堅果類、水果或糖漬類食材,全都適用。

❼ 讓堅果香氣四溢的小撇步

製作蛋糕前,先用平底鍋將堅果類稍微烤個3分鐘,再加入麵糊中一起微波,味道會更好!

❽ 常見單位換算

重量

60 公克	=	2 盎司	200 公克	=	7 盎司	500 公克	=	17 盎司
100 公克	=	3 盎司	250 公克	=	9 盎司	750 公克	=	26 盎司
150 公克	=	5 盎司	300 公克	=	10 盎司	1 公斤	=	35 盎司

為了方便秤量,這裡的公克數為大略計算,但事實上1盎司等於28公克。

容量

250 cc	=	1 量杯	750 cc	=	3 量杯
500 cc	=	2 量杯	1000 cc	=	4 量杯

為了方便秤量,這裡的一量杯為大略計算,但事實上一量杯等同於8盎司,等於230ml。

巧克力馬克杯蛋糕

誰不喜歡巧克力呢？讓人為之瘋狂的巧克力馬克杯蛋糕，
將擄獲你的心。放棄抵抗吧！這股甜點誘惑是無法逃脫的！

- 黑巧克力 25公克
- 牛奶巧克力 20公克
- 奶油 30公克
- 雞蛋 1顆
- 細砂糖 20公克
- 低筋麵粉 20公克
- 低脂牛奶 20cc （或是4茶匙）
- 白巧克力碎片 1湯匙

1人份料理

準備時間：4分鐘

放入微波爐時間
（功率800W）：

35秒＋1分20秒

❶ 將黑巧克力跟牛奶巧克力切成小塊後放入馬克杯中，再加入奶油，將馬克杯放入
微波爐中加熱35秒。

❷ 將馬克杯取出，攪拌均勻，依序加入蛋液、砂糖、低筋麵粉與牛奶，把這些材料
平緩地均勻拌成麵糊。

❸ 最後均勻撒上白巧克力碎片，把馬克杯放入微波爐中加熱約1分20秒即完成。

❹ 取出後請待馬克杯蛋糕放涼，再慢慢品嚐。

我的建議：
加熱時間與微波爐功率設定和口感有關。以低功率設定的微波爐加熱，
將會呈現入口即化的柔軟風味，也是較受大家喜愛的口感。

你知道嗎？
馬克杯蛋糕最重要的中心思想是……
用1個馬克杯做出1人份的甜點，就能讓飢餓感獲得解救。
在5分鐘之內，為全家人隨性創作出手做甜點。而這些都不需要搬出一大堆廚房用具，
只需要1支湯匙，跟1個馬克杯就能完成。

檸檬罌粟籽馬克杯蛋糕

想要立刻來份甜點嗎？有時候就是突然好想吃蛋糕，
你知道我們應該要完全順從內心的渴望對吧？

- 雞蛋 1顆
- 二砂糖 20公克
- 綠檸檬皮碎 1茶匙量
- 低筋麵粉 15公克
- 杏仁粉 10公克
- 泡打粉 1小撮
- 檸檬汁1/2顆量
- 低脂牛奶 20cc（或是4茶匙）
- 檸檬果醬 1湯匙
- 罌粟籽 1茶匙

1人份料理

準備時間：4分鐘

放入微波爐時間

（功率800W）：

1分鐘

❶ 用打蛋器把馬克杯中的蛋液、二砂糖與切碎的綠檸檬皮均勻攪拌，打發至呈現乳白色狀態。

❷ 再依序倒入低筋麵粉、杏仁粉與泡打粉，並持續攪拌。

❸ 倒入低脂牛奶與檸檬汁，不斷地攪拌直到杯中的麵糊均勻地混合後，再加入檸檬果醬與罌粟籽，並混合拌勻。

❹ 把馬克杯放入微波爐中加熱大約1分鐘。請注意，此時馬克杯蛋糕將會膨脹起來。取出後請待馬克杯蛋糕放涼冷卻。

我的建議：
準備一把適用於馬克杯的迷你打蛋器吧！
另外，平時可常備一些調味醬與蛋黃醬，這將會是馬克杯蛋糕不可缺少的搭配！

低卡窈窕草莓馬克杯蛋糕

如詩一般的輕柔，
帶來幸福感的草莓充滿愉悅氛圍。

- 蛋白 1顆量
- 燕麥 1湯匙（可在超市的生機飲食專區或有機商店選購）
- 無糖可可粉 1湯匙
- 泡打粉1小撮
- 香草莢粉 1茶匙
- 果糖 3茶匙
- 低脂牛奶 20cc（或是4茶匙）
- 草莓 3顆（切丁）

1人份料理

準備時間：4分鐘

放入微波爐時間

（功率800W）：

1分鐘

❶ 將馬克杯中的蛋白以打蛋器打發後，逐一加入燕麥、可可粉、泡打粉與香草莢粉。

❷ 再倒入果糖與牛奶，把這些材料平緩地均勻攪拌，並加入切丁草莓。

❸ 設定微波爐1分鐘，取出後請待馬克杯蛋糕放涼再享用。

我的建議：

晚餐開始前先製作好馬克杯蛋糕。等到用餐完畢，做好的蛋糕已經降溫，將會是剛好可入口的完美時刻。不過有時我會為了想一飽口福，而刻意準備一個馬克杯蛋糕，獨自靜靜等待並恣意地品嚐。

巧克力香橙馬克杯蛋糕

不需要大費周章地準備什麼鍋碗瓢盆，只需要一個馬克杯，
就能夠純粹地沉浸在美好時光中。

- 黑巧克力 45公克
- 無鹽奶油 25公克
- 雞蛋 1顆
- 二砂糖 20公克
- 低筋麵粉 15公克
- 杏仁粉 5公克
- 柳橙汁 4茶匙
- 糖漬橙皮 2茶匙
- 橙皮粉 1小撮（可在有機商店或烘焙材料行購得）

1人份料理

準備時間：4分鐘

放入微波爐時間

（功率800W）：

35秒 + 1分鐘

❶ 黑巧克力切小塊，和奶油一起放入馬克杯中，並將馬克杯放入微波爐加熱35秒。
❷ 均勻攪拌後依序加入雞蛋、二砂糖、低筋麵粉、杏仁粉跟柳橙汁。
❸ 用剪刀將糖漬橙皮剪成小塊狀，與橙皮粉一起加入馬克杯中，充分均勻攪拌。
❹ 放入微波爐設定1分鐘，取出後請待馬克杯蛋糕放涼。

我的建議：
放入微波爐的時間，其實跟微波爐的火力功率有絕對關係。每次設定的時間，最好都是以1
分鐘為主，若有需要，最多也只需再延長10秒鐘即可。

更可口的做法：
在麵糊的準備過程中，可以加入些許橙花水提味。

巧克力棉花熊香蕉
馬克杯蛋糕

巧克力加上香蕉！這是一個萬年不敗的神奇食譜！
不管是大人或小孩，絕對都會超喜歡的甜點！

- 鹽味奶油 20公克
- 二砂糖 10公克
- 低筋麵粉 10公克
- 玉米粉 10公克
- 泡打粉 1小撮
- 可可粉 1茶匙
- 壓成泥狀的香蕉 1根
- 低脂牛奶 20cc （或是4茶匙）
- 巧克力棉花熊 1顆

1人份料理

準備時間：4分鐘

放入微波爐時間
（功率800W）：
20秒 + 1分鐘

❶ 將無鹽奶油放入馬克杯中，以微波爐加熱20秒讓奶油融化，取出後，加入二砂糖並以打蛋器打發。
❷ 接著依序倒入低筋麵粉、玉米粉、泡打粉跟可可粉。再加入香蕉泥與牛奶，均勻攪拌。
❸ 把巧克力棉花熊放在麵糊上並輕輕壓入，放入微波爐中，設定1分鐘的加熱時間。取出後請待馬克杯蛋糕放涼再食用。

更可口的做法：
我會在馬克杯蛋糕剛出爐時，撒上比利時焦糖餅乾屑屑。

香草女孩 馬克杯蛋糕

男士們，請快離開！
這款女孩限定的馬克杯蛋糕，只有女孩們才能配得上的喔！

1人份料理

準備時間：4分鐘

放入微波爐時間

（功率800W）：

25秒＋1分鐘

- 無鹽奶油 25公克
- 蛋白 1顆量
- 香草糖粉 20公克
- 低筋麵粉 10公克
- 玉米粉 10公克
- 泡打粉 1小撮
- 香草口味優格 20cc （或是4茶匙）
- 香草精 1湯匙
- 香草莢粉 1小撮

❶ 把無鹽奶油切成小塊，放入馬克杯，以微波爐加熱25秒讓奶油融化。

❷ 放入蛋白（不需打發）並與奶油充分攪拌後，加入香草糖粉拌勻。

❸ 接著依序加入低筋麵粉、玉米粉、泡打粉並攪拌均勻，再將香草口味優格、香草精跟香草莢粉倒入麵糊中，充分混合。

❹ 將馬克杯放入微波爐並設定1分鐘的加熱時間，取出後請待馬克杯蛋糕放涼。

我的建議：
倒入麵糊前，先在馬克杯裡鋪上烘焙紙，就可以很方便地將蛋糕脫模，如此一來，就能夠隨時招待來訪的客人，並透過擺盤設計增添驚喜。

更可口的做法：
微波加熱前，我會放入1顆焦糖口味的糖果在麵糊中（尤其是焦糖外有巧克力包覆的那一種）。

杏仁巧克力愛心棉花糖馬克杯蛋糕

嘿！來玩捉迷藏遊戲吧！
只要5分鐘，你將會藏身於一朵小巧白雲下。

- 杏仁巧克力 45公克
- 鹽味奶油 15公克
- 雞蛋 1顆
- 細砂糖 10公克
- 低筋麵粉 20公克
- 泡打粉 1小撮
- 液態鮮奶油 20cc （或是4茶匙）
- 棉花糖 1顆

1人份料理

準備時間：4分鐘

放入微波爐時間
（功率800W）：

35秒＋1分鐘

❶ 巧克力切塊、鹽味奶油切塊，放入馬克杯中，放入馬克杯並放入微波爐加熱35秒。

❷ 均勻攪拌後依序加入雞蛋、細砂糖、低筋麵粉與泡打粉，接著倒入鮮奶油，持續攪拌到均勻攪拌。

❸ 把棉花糖放在麵糊上並輕輕壓入，設定1分鐘的加熱時間。取出後請待馬克杯蛋糕放涼。

我的建議：
馬克杯最好是裝半滿就好，否則加熱後很有可能會滿溢出來。如果在加熱過程中發現過於膨脹，或者是覺得會溢出來，請直接將微波爐門打開，並且稍微等待幾秒鐘確保麵糊消下後，再重新開始加熱。

延伸變化版做法：
用蛋白霜取代棉花糖，也十分美味。

黑巧克力覆盆子
馬克杯蛋糕

巧克力跟覆盆子一直是令人著迷的配搭。
不如把這兩款材料用來製作馬克杯蛋糕吧！

1人份料理

準備時間：4分鐘

放入微波爐時間

（功率800W）：

35秒＋1分鐘

- 黑巧克力 45公克
- 無鹽奶油 35公克
- 雞蛋 1顆
- 低筋麵粉 20公克
- 低脂牛奶 20cc（或是4茶匙）
- 覆盆子果醬 1又1/2湯匙
- 覆盆子 任意

❶ 將黑巧克力切塊，和無鹽奶油一起放入馬克杯中，微波爐加熱35秒。

❷ 加入雞蛋後以打蛋器大力攪拌混合，依序加入低筋麵粉、牛奶與覆盆子果醬，充分拌勻。最後再放上覆盆子。

❸ 放入微波爐設定1分鐘，取出後請待馬克杯蛋糕放涼。

容量換算：
麵粉20公克＝2湯匙份量
20cc的牛奶＝4茶匙份量

 更可口的做法：
當馬克杯蛋糕冷卻後，在表面加上打發的鮮奶油慕斯或是巧克力脆片，也是很美味的選擇。

甜梨果汁糖 馬克杯蛋糕

擁有童心的果汁軟糖是孩子們專屬的記憶。

- 無鹽奶油 30公克
- 雞蛋 1顆
- 二砂糖 20公克
- 低筋麵粉 10公克
- 玉米粉 10公克
- 泡打粉 1小撮
- 梨子汁 20cc（或是4茶匙）
- 糖漬梨子 1/2顆
- 果汁糖（如：Carambar水果糖）1顆

1人份料理

準備時間：4分鐘

放入微波爐時間

（功率800W）：

25秒 + 1分鐘10秒

❶ 把無鹽奶油切成小塊，放入馬克杯，以微波爐加熱25秒讓奶油融化。

❷ 放入蛋液並與液態奶油充分攪拌後，加入二砂糖繼續拌勻。接著依序加入過篩後的低筋麵粉、玉米粉、泡打粉，倒入梨子汁，讓麵糊攪拌均勻呈現滑順狀。

❸ 將梨子用刀切半，並且把果汁軟糖切丁後，倒入麵糊中並確實攪拌均勻。

❹ 放入微波爐設定1分鐘10秒，取出後請待馬克杯蛋糕放涼。

我的建議：

將每一份食譜製作的經驗整理歸納後，調整配方，變成更符合自己喜好的甜點食譜，收編納入我的最愛食譜當中。

更美味的做法：

可以將無鹽奶油改為鹽味奶油，搭配焦糖可說是十分完美的選擇！

薄荷巧克力馬克杯蛋糕

顏色搭配十分出色的甜點組合。薄荷除了有助消化的功效外，
小巧的綠色葉片也讓蛋糕十分有療癒效果呢。

- 70% 黑巧克力 45公克
- 無鹽奶油 30公克
- 雞蛋 1顆
- 低筋麵粉 20公克
- 薄荷糖漿 20cc（或是4茶匙）
- 巧克力米 1湯匙
- 新鮮薄荷葉 數片

1人份料理

準備時間：4分鐘

放入微波爐時間

（功率800W）：

35秒＋1分鐘

❶ 把黑巧克力和無鹽奶油放入馬克杯中，放入微波爐加熱35秒。

❷ 加入雞蛋後先攪拌混合，之後依序加入低筋麵粉、薄荷糖漿跟巧克力米。均勻攪拌後，放入微波爐設定1分鐘，取出後請待馬克杯蛋糕放涼。

❸ 最後擺上幾片薄荷葉即可完成！

我的建議：

通常食譜書上都沒特別提醒要等馬克杯蛋糕變冷！
沒錯，微波爐的好處是加熱很快速，但缺點是蛋糕會十分燙口。
對我來說，馬克杯蛋糕絕對必需至少放涼5分鐘以上！

加勒比馬克杯蛋糕

適當的品酒帶來微醺的好心情；而對於小朋友來說，
用巧克力牛奶取代蘭姆酒，則是不錯的選擇！

- 無鹽奶油 20公克
- 二砂糖 15公克
- 壓成泥狀的香蕉 1根
- 低筋麵粉 25公克
- 泡打粉 1小撮
- 蘭姆酒 20cc（或是4茶匙）
- 香草莢粉 1小撮
- 黑巧克力薄片 1湯匙

1人份料理

準備時間：4分鐘

放入微波爐時間

（功率800W）：

20秒＋1分鐘

❶ 把無鹽奶油切成小塊，放入馬克杯，以微波爐加熱20秒讓奶油融化。
❷ 加入二砂糖混合拌勻後，再加入香蕉泥、過篩後的低筋麵粉、泡打粉與蘭姆酒，
　 充分拌勻。表面均勻撒上香草莢粉跟黑巧克力薄片。
❸ 放入微波爐設定1分鐘，取出後請待馬克杯蛋糕放涼。

 我的建議：
過熟香蕉的香氣十足，拿來做成美味蛋糕，遠比要孩子們吃掉過熟香蕉時，擺出不開心的
臉好多了吧！

延伸變化版做法：
椰子巧克力糖具有天堂般的特別香味，掰成好幾小塊丟入麵糊中在放入微波爐加熱，也是
挺棒的。

你知道嗎：
這道以香蕉為主角的食譜，在美國十分受歡迎。

焦糖餅乾馬克杯蛋糕

滿屋子的焦糖美味會讓每個人都垂涎三尺。

- 無鹽奶油 20公克
- 低筋麵粉 20公克
- 泡打粉 1小撮
- 焦糖醬 2湯匙
- 低脂牛奶 20cc（或是4茶匙）
- 蛋白 1顆量
- 糖粉 10公克
- 肉桂粉 1小撮

1人份料理

準備時間：5分鐘

放入微波爐時間

（功率800W）：

20秒 +1分鐘

❶ 把無鹽奶油切成小塊，放入馬克杯，以微波爐加熱20秒讓奶油融化。

❷ 依序加入過篩後的低筋麵粉與泡打粉，均勻攪拌。將焦糖醬跟牛奶拌勻後，再倒入麵糊中拌勻。

❸ 將蛋白打發並加入糖粉至乾式發泡後，輕巧地將打發後的蛋白拌入麵糊中。

❹ 將肉桂粉撒在表面，放入微波爐設定1分鐘，取出後請待馬克杯蛋糕放涼。

我的建議：

如果有對麩質過敏的困擾，可以將小麥麵粉更改為栗子麵粉。

蛋白打發：

蛋白打發可分為濕性發泡、中性發泡和乾性發泡，將蛋白打至打蛋器拉起來後，會拉出一個彎曲的尖角，就是濕性發泡，如果尖角很挺立，就是乾性發泡，介於兩者之間的就是中性發泡。

耶誕老公公馬克杯蛋糕

1人份料理

準備時間：5分鐘

放入微波爐時間

（功率800W）：

25秒 + 1分鐘

耶誕節英式布丁是一道傳統聖誕應景甜點，
放在牛奶旁請聖誕老人一塊吃吧！

- 切丁糖漬水果 1湯匙
- 葡萄乾 1湯匙
- 蘭姆酒 20cc （或是4茶匙）
- 肉桂粉 1小撮
- 無鹽奶油 25公克
- 雞蛋 1顆
- 二砂糖 25公克

- 低筋麵粉 20公克
- 泡打粉 1小撮
- 多香果粉 1小撮
- 柳丁皮屑 1茶匙
- 杏仁粒 1湯匙
- 糖粉 適量

❶ 在開始製作馬克杯蛋糕前，請先將切丁糖漬水果、葡萄乾與肉桂粉浸泡在蘭姆酒中數個小時。

❷ 把無鹽奶油切成小塊，放入馬克杯，以微波爐加熱25秒讓奶油融化。

❸ 放入蛋液、二砂糖，攪拌均勻後倒入低筋麵粉、泡打粉、多香果粉、柳丁皮屑與杏仁粒。

❹ 接著再將糖漬水果、葡萄乾與蘭姆酒一同倒入麵糊中，輕巧地攪拌著。放入微波爐中，設定1分鐘，取出，待馬克杯蛋糕放涼後，再撒上糖粉即完成。

馬克杯蛋糕特色：
- 超省時速效蛋糕，包含烘烤時間只需5分鐘。
- 以1人份為份量單位。
- 只要一個馬克杯：在馬克杯裡頭準備麵糊，以馬克杯為模具烘烤，連出爐時享用甜點的餐具都是那只馬克杯！（這得要感謝馬克杯蛋糕料理，讓櫥櫃中那些已經好久沒用著的馬克杯們，都能夠有再登場的機會！）

法式櫻桃焗布丁 馬克杯蛋糕

馬克杯蛋糕料理能完全實踐經典烘焙甜點，
光這一點，是不是就該稱上是件傳奇故事呢？

- 無鹽奶油 30公克
- 雞蛋 1顆
- 細砂糖 20公克
- 低筋麵粉 20公克
- 全脂牛奶 40cc（或是4茶匙）
- 液態鮮奶油 10cc（或是2茶匙）
- 香草精 1湯匙
- 罐頭櫻桃 2湯匙
- 香草糖粉 1小撮

1人份料理

準備時間：4分鐘

放入微波爐時間

（功率800W）：

25秒 + 1分鐘

❶ 把無鹽奶油切成小塊，放入馬克杯，以微波爐加熱25秒讓奶油融化。

❷ 將蛋打入馬克杯中，與融化後的奶油均勻攪拌。依序加入細砂糖、低筋麵粉與牛奶，繼續混合。接著倒入鮮奶油、香草精及罐頭櫻桃攪拌均勻。

❸ 放入微波爐設定1分鐘，取出，待馬克杯蛋糕放涼後，撒上香草糖粉即完成。

 更美味的做法：
給大朋友的延伸版本，倒入1茶匙的杏仁甜烈酒吧！

馬克杯蛋糕需要的小道具：
馬克杯（製作麵糊、烘烤時，以及品嚐時使用）
叉子（攪拌麵糊時使用）

小湯匙（吃馬克杯蛋糕時使用）
磅秤（材料秤重使用）
微波爐（烘烤加熱使用）

藍莓少女馬克杯蛋糕

這道全玫瑰色的馬克杯蛋糕料理，即將攻佔小公主們的心。

（好吧！我想小公主的媽媽們應該也會很喜歡……）

重點是，這些一點都沒有添加色素喔！

- 無鹽奶油 30公克
- 雞蛋 1顆
- 楓糖漿 10公克
- 低筋麵粉 20公克
- 煉乳 20cc（或是4茶匙）
- 香草莢粉 1小撮
- 藍莓 2湯匙（罐裝或解凍藍莓皆可）
- 愛心形狀糖片 些許

1人份料理

準備時間：4分鐘

放入微波爐時間

（功率800W）：

25秒 + 1分鐘

❶ 把無鹽奶油切成小塊，放入馬克杯，以微波爐加熱25秒讓奶油融化。

❷ 將蛋液跟楓糖漿倒入馬克杯中，用叉子均勻攪拌。依序加入低筋麵粉、煉乳、香草莢粉跟藍莓，繼續混合。

❸ 放入微波爐設定1分鐘，取出，待馬克杯蛋糕放涼後，將蛋糕脫模，並撒上愛心糖片做點裝飾即完成。（擺盤可以很公主風，當然也可以不走粉紅色路線，完全隨你高興！）

更低卡的選擇：

將全蛋更換成只使用蛋白，打發至乾式發泡，再拌入麵糊中即可！

類乳酪馬克杯蛋糕

綿密的起司香氣在口中化開的味道真是美極了！
道地的起司蛋糕用家中的微波爐就能辦到，簡直是專業的甜點師傅！

- 新鮮乳酪 3湯匙（軟質乳酪，如奶油乳酪等）
- 全脂酸奶油 3湯匙
- 奶油 20公克
- 糖粉 10公克
- 玉米粉 1/2茶匙
- 蛋白 1顆量
- 焦糖醬 2茶匙
- 消化餅乾 2片

1人份料理

準備時間：4分鐘

放入微波爐時間

（功率800W）：

20秒 + 1分鐘30秒

放入冰箱時間：

至少2小時

❶ 將新鮮乳酪與酸奶油在馬克杯中攪拌均勻。另外準備一個馬克杯，將奶油切成小塊，以微波爐加熱20秒讓奶油融化後，倒入第一個馬克杯裡，緊接著拌入糖粉、玉米粉跟不需打發的蛋白。均勻攪拌約莫30秒，讓麵糊混合平順。

❷ 倒入焦糖醬後，用刀子以上下移動的方式在麵糊上的拉劃出大理石紋路。

❸ 放入微波爐設定1分鐘30秒，取出，待馬克杯蛋糕放涼後，將蛋糕放入冰箱冷藏至少2小時以上。準備品嚐前，在蛋糕上撒滿餅乾碎片即可開心享用。

延伸變化版做法：
可以使用熔岩巧克力、水果泥或果醬取代焦糖醬。

更低卡的選擇：
0%無脂優格可以取代食譜中的新鮮乳酪。

布列塔尼
馬克杯蛋糕

想要一嚐布列塔尼馬克杯蛋糕，不需要特別
跑一趟布列塔尼，在自己的廚房就能完成。

1人份料理

準備時間：4分鐘

放入微波爐時間
（功率800W）：

25秒＋1分鐘

- 無鹽奶油 30公克
- 雞蛋 1顆
- 細砂糖 20公克
- 低筋麵粉 20公克
- 溫牛奶 2湯匙
- 去核棗乾 6顆

❶ 把無鹽奶油切成小塊，放入馬克杯，以微波爐加熱25秒讓奶油融化。

❷ 依序加入蛋液、砂糖與低筋麵粉，均勻攪拌。

❸ 倒入溫牛奶（使用溫牛奶比較容易與麵粉攪拌均勻），拌勻後放入去核棗乾。

❹ 放入微波爐設定1分鐘，取出後請待馬克杯蛋糕放涼。

我的建議：
等蛋糕放涼後，跟蘋果酒一起享用。

小訣竅：
為了避免放在蛋糕中的水果們在烤完後都沉在馬克杯底層，可以將水果裹附一點點麵粉。
這個小技巧在製作蛋糕時，適用於堅果類、水果或糖漬類食材。

蜜桃馬克杯蛋糕

甜滋滋的蜜桃即便在夏天也能帶來渡假般的清爽感，
搭配鮮奶油就像冰淇淋般享受！

1人份料理

準備時間：5分鐘

放入微波爐時間

（功率800W）：

20秒 + 1分鐘

- 無鹽奶油 20公克
- 低筋麵粉 20公克
- 泡打粉 1小撮
- 蛋白 1顆量
- 糖粉 10公克
- 液態鮮奶油 20cc（或是4茶匙）
- 香草精 1湯匙
- 香草糖粉 1小撮

- 蜜桃 半顆
- 鮮奶油慕斯 1球
- 覆盆子果泥 1湯匙
- 烘焙用多彩糖珠 1小撮

❶ 把無鹽奶油切成小塊，放入馬克杯，以微波爐加熱20秒讓奶油融化。依序加入
過篩後的低筋麵粉與泡打粉，均勻攪拌。將蛋白打發並加入糖粉至乾式發泡後，
輕巧地將打發後的蛋白拌入麵糊中。

❷ 倒入鮮奶油、香草精，撒上香草糖粉後攪拌混合。

❸ 放入切成丁的蜜桃，並放入微波爐設定1分鐘後取出，待馬克杯蛋糕放涼後，在擺
盤上擠上鮮奶油慕斯，佐以覆盆子果泥，最後在蛋糕上撒上多彩糖珠，大功告成。

更美味的做法：

可以將蜜桃更改為糖漬梨子，把鮮奶油慕斯改為熔岩巧克力，再以杏仁薄片來裝飾，就成
了西洋梨巧克力蛋糕！

馬克杯**餅乾**

無論大人還是小孩都會想要擁有品嚐美味的時刻，
馬克杯料理是不會讓大家失望的。

- 無鹽奶油 15公克
- 二砂糖 10公克
- 香草糖粉 7.5公克
- 蛋黃 1顆量
- 低筋麵粉 20公克
- 玉米粉 10公克
- 榛果粒 2湯匙
- 杏仁粒 1茶匙
- 黑巧克力碎片 2湯匙

1人份料理

準備時間：5分鐘

放入微波爐時間
（功率800W）：

20秒＋1分鐘

❶ 把無鹽奶油切成小塊，放入馬克杯，以微波爐加熱20秒讓奶油融化。
❷ 加入二砂糖與香草糖粉於奶油中用叉子均勻攪拌後，接著倒入蛋黃、低筋麵粉、
玉米粉、榛果粒、杏仁粒與黑巧克力碎片。
❸ 放入微波爐設定1分鐘，取出後請待馬克杯蛋糕放涼。

我的建議：
通常我會把兩片巧克力片放在夾鏈袋裡用錘子用力的敲打，來自製巧克力碎片；雖然需要
花點力氣，但比直接在材料行裡購買來得划算多了！

小訣竅：
用剩的蛋白別丟掉，收集起來放在冷凍庫中還可再次使用喔。

布朗尼馬克杯蛋糕

你可以在布朗尼蛋糕上淋上英國奶油醬，
或是一球香草冰淇淋，熱量這回事別在吃甜點時計較啊！

- 黑巧克力 45公克
- 鹽味奶油 25公克
- 雞蛋 1顆
- 二砂糖 10公克
- 細砂糖 10公克
- 低筋麵粉 15公克
- 杏仁粉 5公克
- 液態鮮奶油 20cc（或是4茶匙）
- 胡桃 2湯匙
- 原味開心果 1湯匙

1人份料理

準備時間：5分鐘
放入微波爐時間
（功率800W）：
35秒 + 1分鐘

❶ 把黑巧克力與鹽味奶油切成小塊，放入馬克杯，以微波爐加熱35秒讓巧克力跟
奶油融化。

❷ 加入蛋液、糖、低筋麵粉、杏仁粉後，均勻攪拌。緊接著倒入鮮奶油，混合攪拌
至麵糊呈現光滑平順。將胡桃與開心果搗碎，加入麵糊中。

❸ 放入微波爐設定1分鐘，取出後等5分鐘讓馬克杯蛋糕放涼。

更美味的做法：
用平底鍋將堅果類稍微烤個3分鐘，味道會更好！

咖啡白巧克力大理石紋奶油
馬克杯蛋糕

這道食譜會多花一點力氣，
這次將會出動到櫥櫃裡的兩個馬克杯！辛苦啦！

- 無鹽奶油 30公克
- 蛋白 2顆量
- 低筋麵粉 20公克
- 二砂糖 20公克
- 咖啡鮮奶油 2湯匙
- 咖啡精 3滴
- 白巧克力鮮奶油 2湯匙
- 白巧克力 1塊

1人份料理

準備時間：5分鐘

放入微波爐時間

（功率800W）：

20秒 + 1分鐘

❶ 無鹽奶油切成小塊，平均放入兩個馬克杯中，再將兩個馬克杯同時放入微波爐加熱20秒，讓奶油融化。

❷ 置入不需打發的蛋白並與奶油充分攪拌後，加入10公克的低筋麵粉與10公克的二砂糖在杯中，均勻混合。

❸ 先取一個馬克杯，加入咖啡鮮奶油與咖啡精，讓麵糊攪拌均勻呈現滑順狀。在另一個馬克杯裡加入白巧克力鮮奶油且攪拌均勻後，再將該麵糊倒入前一個馬克杯中。

❹ 用刀子以Z字型移動的方式在麵糊上劃動著，不需特別攪拌均勻，才能表現出自然的效果。

❺ 將白巧克力塞入麵糊中，放入微波爐設定1分鐘，取出後等5分鐘讓馬克杯蛋糕放涼。

小訣竅：
可以用龍舌蘭糖漿取代二砂糖，蜂蜜或楓糖漿也可以！

Nutella & M&M 惡魔指數百分百
馬克杯蛋糕

別看它很小，它可是很紮實的呀！

- 無鹽奶油 10公克
- Nutella巧克力醬 2湯匙
- 雞蛋 1顆
- 低筋麵粉 20公克
- 泡打粉 1小撮
- 低脂牛奶 20cc （或是4茶匙）
- M&M花生巧克力10顆

1人份料理

準備時間：4分鐘
放入微波爐時間
（功率800W）：
15秒 + 1分鐘

❶ 把無鹽奶油切成小塊，和Nutella巧克力醬一起放入馬克杯，以微波爐加熱15秒讓巧克力跟奶油融化。

❷ 加入蛋液後，均勻攪拌。緊接著倒入低筋麵粉與泡打粉，並倒入牛奶，混合攪拌麵糊呈現光滑平順。

❸ 將M&M花生巧克力敲碎後放入杯中，放入微波爐設定1分鐘，取出後請待馬克杯蛋糕放涼。

我的建議：
可以把原先設定的麵粉量，其中一半用玉米粉取代，蛋糕會更加綿密。

延伸變化版做法：
除了M&M巧克力之外，廚房裡還有什麼材料能利用？
我們也可以用2湯匙的麥片取代M&M巧克力。

蜂蜜蘋果酒
馬克杯蛋糕

加入一些蘋果酒，來點大人口味的微醺甜點吧！

- 無鹽奶油 15公克
- 蜂蜜 15公克
- 蘋果泥&丁 2湯匙
- 低筋麵粉 15公克
- 杏仁粉 10公克
- 檸檬皮屑 1小撮
- 蘋果白蘭地 20cc （或是4茶匙）

1人份料理

準備時間：4分鐘

放入微波爐時間
（功率800W）：

20秒 + 1分鐘

❶ 把無鹽奶油切成小塊，放入馬克杯，以微波爐加熱20秒讓奶油融化。
❷ 加入蜂蜜、蘋果泥與蘋果丁後，與奶油均勻攪拌。緊接著倒入低筋麵粉、杏仁粉與檸檬皮屑，混合攪拌時同步加入蘋果白蘭地。
❸ 放入微波爐設定1分鐘，取出後請待馬克杯蛋糕放涼。

您知道嗎？
法國的諾曼地以生產蘋果而聞名，其中用來製造蘋果白蘭地或蘋果氣泡酒的可食用蘋果種類，超過150種以上。

栗子馬克杯蛋糕

這款甜點超級適合冬天，
品嚐時不用太在意是否該少吃一點，
就讓自己窩在柔軟的沙發上，盡情享受吧！

1人份料理

準備時間：4分鐘

放入微波爐時間

（功率800W）：

25秒＋1分鐘

- 無鹽奶油 35公克
- 雞蛋 1顆
- 低筋麵粉 20公克
- 煉乳 20cc（或是4茶匙）
- 栗子醬 2湯匙
- 糖漬栗子碎粒 1茶匙
- 黑巧克力碎片 1小撮

❶ 把無鹽奶油切成小塊，放入馬克杯，以微波爐加熱25秒讓奶油融化。

❷ 將雞蛋打入馬克杯中，與奶油均勻攪拌，緊接著倒入低筋麵粉與煉乳，持續混合拌勻。

❸ 將栗子醬與栗子碎粒放入杯中攪拌後，放入微波爐設定1分鐘，取出待馬克杯蛋糕放涼，在蛋糕上撒上黑巧克力碎片即完成。

我的建議：
不是每個杯盤都能夠放到微波爐裡加熱的！雖然有些馬克杯當成蛋糕杯體會十分漂亮，但還是建議您先確認是否能夠放進微波爐裡使用較為妥當。

更美味的做法：
放入一些杏仁片在馬克杯蛋糕中可以增添鬆脆口感！

伊斯法罕玫瑰覆盆子荔枝
馬克杯蛋糕

是充滿金黃色陽光般的色澤，還是雅緻的設計風？
由您來決定如何妝點這道甜點！

- 雞蛋 1顆
- 細砂糖 20公克
- 玉米粉 20公克
- 杏仁粉 5公克
- 無糖煉乳 20cc（或是4茶匙）
- 玫瑰糖漿 2茶匙
- 荔枝 4顆（新鮮或是罐裝皆可）
- 覆盆子 5顆
- 白巧克力碎片 適量

1人份料理

準備時間：5分鐘
放入微波爐時間
（功率800W）：
1分鐘＋25秒

❶ 將雞蛋打入馬克杯中攪拌均勻。緊接著倒入砂糖、玉米粉、杏仁粉，持續混合拌勻。將煉乳與玫瑰糖漿倒入杯中攪拌。

❷ 放入荔枝與覆盆子，在攪拌混合時，請小心不要破壞水果完整度。

❸ 放入微波爐設定1分鐘，停止時再加熱25秒。取出待馬克杯蛋糕放涼後，撒上白巧克力碎片即完成。

 我的建議：

盡可能避免用化學清潔劑擦拭微波爐內部。選擇天然的清潔方式不僅花費低廉、能去除油漬外，還能充滿香氣。來動手試試看吧！
準備60公克的小蘇打粉、1茶匙的白醋與5滴的檸檬精油，均勻攪拌後，用濕海綿沾附，擦拭微波爐爐面與旋轉盤。清洗過後，將微波爐門打開約莫30分鐘，以達到通風乾燥的作用。

印度甜鹹馬克杯蛋糕

來自神祕國度的鹹香風味，
彷彿進行了一場快速旅行的邀請，
不需要搭上飛機，此時此刻就能立即品嚐！

- 蛋白 1顆量
- 低筋麵粉 20公克
- 番茄醬 20公克
- 椰奶 30cc（或兩湯匙）
- 雞肉丁 45公克
- 葡萄乾 10公克
- 孜然粉 1小撮
- 咖哩粉 1小撮
- 香菜末 1茶匙
- 腰果碎粒 1湯匙
- 鹽與胡椒 適量

1人份料理

準備時間：5分鐘
放入微波爐時間
（功率800W）：
1分鐘＋30秒

❶ 將蛋白打入馬克杯中，並與低筋麵粉混合攪拌後讓麵糊呈現光滑平順。接著倒入番茄醬與椰奶，持續混合拌勻。

❷ 將雞肉、葡萄乾、孜然粉、咖哩粉、香菜末、鹽和胡椒倒入杯中，仔細均勻攪拌。

❸ 放入微波爐設定1分鐘，停止時再加熱30秒。取出馬克杯蛋糕並撒上腰果碎粒，待放涼即可品嚐。

延伸變化版做法：
可以用蘋果丁取代葡萄乾。

我的建議：
微波爐的正中央是最能均勻受熱的烹調位置，馬克杯應該要擺在這個地方。
製作這道點心，我總是在第一段加熱時間設定為1分鐘，如果有必要的時候才會再延長加熱時間。所設定的烹調時間以對應到微波爐功率設定為準。

馬克杯**歐姆蛋**

誰說馬克杯蛋糕只能是甜點呢？
除了甜點之外，馬克杯蛋糕還有另一種選項！

- 拜雍火腿 1片
- 吐司 1/2片
- 雞蛋 2顆
- 低脂牛奶 30cc（或2湯匙）
- 葛瑞爾乾酪（Gruyere cheese）2湯匙
- 蔥末 1湯匙
- 鹽與胡椒 適量

1人份料理

準備時間：4分鐘

放入微波爐時間
（功率800W）：

1分鐘＋1分鐘

❶ 把火腿切絲，並把吐司切成塊狀。
❷ 將雞蛋打入馬克杯中，與牛奶和乾酪混合攪拌後，撒上一點點鹽和胡椒，緊接著
倒入火腿、吐司和蔥末，持續混合拌勻。
❸ 放入微波爐設定1分鐘，停止時再加熱1分鐘即可。

我的建議：
可以用少許培根碎取代火腿肉，會有不同的香氣。

鮭魚洛克福藍紋乳酪馬克杯蛋糕

與其製作大尺寸的鹹派，這是一份絕對能夠取代的快速料理！
在彈指之間就能快速享受下午茶時光。

- 煙燻鮭魚 1小片
- 雞蛋 1顆
- 低脂牛奶 20cc（或4茶匙）
- 洛克福藍紋乳酪（Roquefort）2茶匙
- 茴香末 1湯匙
- 鹽與胡椒 適量

1人份料理

準備時間：4分鐘

放入微波爐時間
（功率800W）：

1分鐘＋1分鐘

❶ 將煙燻鮭魚切絲。
❷ 將雞蛋打入馬克杯中，與牛奶和乳酪混合攪拌後，撒上一點點鹽和胡椒，緊接著
　倒入煙燻鮭魚和茴香末，持續混合拌勻。
❸ 放入微波爐設定1分鐘，停止時再加熱1分鐘即可。

更美味的做法：
可以用奶油乳酪取代洛克福藍紋乳酪，味道也很不錯！

瑞士乾酪馬鈴薯牛肉馬克杯蛋糕

快來感受瑞士傳統乾酪所帶來的山野寧靜滋味！

1人份料理

準備時間：5分鐘

放入微波爐時間

（功率800W）：

1分鐘

- 煮熟的馬鈴薯 2顆
- 風乾牛肉切片 2片
- Raclette瑞士起司（烤起司專用）2片
- 胡椒粉 1小撮
- 小酸黃瓜條 2條

❶ 馬鈴薯去皮，切成圓形片狀。將兩片馬鈴薯片放在馬克杯底當襯底，接著鋪上一片牛肉切片跟一片起司片。

❷ 繼續一片片的鋪上馬鈴薯片直到馬克杯上緣，再放上一片起司和牛肉切片，最後撒上胡椒粉作為結束。

❸ 放入微波爐設定1分鐘，取出後請待馬克杯蛋糕放涼。放上小酸黃瓜，即可開始享用！

我的建議：
通常我會用夾鏈袋把起司片分開收納好，放入冷藏保存，之後要少量使用或需要攜帶外出，都還挺方便的！

橄欖火腿馬克杯蛋糕

閃耀著金黃色太陽光芒的馬克杯蛋糕，
橄欖和火腿的搭配是最經典的時刻！

鹽味奶油 35公克
雞蛋 1顆
低筋麵粉 20公克
泡打粉 1小撮
白酒 20cc （或是4茶匙）
火腿切丁 45公克
去核綠橄欖 8顆
鹽與胡椒 適量

1人份料理

準備時間：5分鐘
放入微波爐時間
（功率800W）：25秒
＋1分鐘＋30秒

❶ 把鹽味奶油切成小塊，放入馬克杯，以微波爐加熱25秒讓奶油融化。

❷ 加入蛋液後，與奶油均勻打發。依序加入低筋麵粉與泡打粉，混合攪拌至麵糊光滑平順。

❸ 倒入白酒、火腿，並將橄欖一切為二後放入杯中，加入鹽與胡椒均勻拌入。

❹ 放入微波爐設定1分鐘，停止時再加熱30秒，取出後等5分鐘讓馬克杯蛋糕放涼。

延伸變化版做法：
將火腿替換為炒過的培根。

法式馬克杯蛋糕：
攪拌30秒，微波2分鐘，輕鬆搞定外酥心軟、綿細爆漿的美味甜點

作　　者──依麗絲‧黛爾帕‧艾爾瓦黑（Elise Delprat-Alvares）
譯　　者──陳宏美
封面攝影──林永銘
封面設計──Rika
內頁編排──黃庭祥
副 主 編──楊淑媚
責任編輯──朱晏瑭
校　　對──朱晏瑭、楊淑媚
行銷企劃──王聖惠
董 事 長──趙政岷
總 經 理
第五編輯部總監──梁芳春

出 版 者 ──時報文化出版企業股份有限公司
　　　　　　10803台北市和平西路三段240號7樓
　　　　　　發行專線／（02）2306－6842
　　　　　　讀者服務專線／0800－231－705、（02）2304－7103
　　　　　　讀者服務傳真／（02）2304－6858
　　　　　　郵撥／1934－4724時報文化出版公司
　　　　　　信箱／台北郵政79～99信箱
時報悅讀網──www.readingtimes.com.tw
電子郵件信箱──yoho@readingtimes.com.tw
法律顧問──理律法律事務所　陳長文律師、李念祖律師
印　　刷──詠豐印刷有限公司
初版一刷──2016年2月12日
定　　價──新台幣280元

優 生 活
Unique Life

國家圖書館出版品預行編目資料

法式馬克杯蛋糕：攪拌30秒，微波2分鐘，輕鬆搞定外酥心軟、綿細爆漿的美味甜點/依麗絲‧黛爾帕‧艾爾瓦黑（Elise Delprat-Alvares）作
. －－ 初版. －－ 臺北市：時報文化, 2016.02
　　面；　　公分
譯自：Mug cakes

ISBN 978－957－13－6503－9（平裝）
1.點心食譜

427.16
104027612

ISBN 978-957-13-6503-9
Printed in Taiwan

MUG CAKES by Elise Delprat-Alvares
Series: Tendances Gourmandes
EAN 13: 978-2-03-5900838
© Larousse 2014
Complex Chinese edition copyright （c）2016
by China Times Publishing Company via arrangement
with Larousse through Dakai Agency
All right reserved.

Cakes